To：献上本书

给拥有梦想的

____

From：______________________

爱丽丝的
幸福魔法书

开拓自己的道路

给对这世界还陌生的我们

爱丽丝的
幸福魔法书

开拓自己的道路

漫钛文化 著

北方联合出版传媒（集团）股份有限公司
万卷出版公司

Chart of
ALICE'S
Adventures
ALICE FOLLOWS T
WHITE R
DOWN
RABBIT
TO MEET THE DODO.
THROUGH THE DOOR...
SHE SEES TWEEDLEDEE AND TWEEDLEDUM
THE WHITE RABBIT'S HOUSE
THE GARDEN O
LIVE FLO
THE GARDENERS PAINT THE ROSES RED.
THE UNBIRTHDAY PARTY
THE CROQUET GAME.
AL
TO

爱丽丝梦游仙境

1951 年，华特・迪士尼制作公司将刘易斯・卡罗尔的同名小说改编为动画电影，让《爱丽丝梦游仙境》重生。爱丽丝跟着白兔跳进洞穴，梦游仙境历经奇幻冒险，遭遇许多危机也不屈服。她满怀意志力与好奇心的闪亮姿态，再次提醒了今日的我们：人，有梦最美。

Alice! a childish story take,
And with a gentle hand
Lay it where childhood's dreams are twined,
In Memory's mystic band.
Like pilgrim's wither'd wreath of flowers
Pluck'd in a far-off land.

爱丽丝！

用你柔嫩的手，

把充满童心的故事，

放在儿时梦想

与记忆的神秘地带交织处。

有如朝圣者手中

采摘自远方的枯萎花环。

——刘易斯·卡罗尔《爱丽丝梦游仙境》序文诗

致梦游仙境的爱丽丝

蓬松金发、天空蓝连身裙、充满好奇而闪闪发亮的双眼是爱丽丝的专属标志；爱丽丝跟着白兔跳进洞穴，梦游仙境经历一场奇幻冒险旅程，途中遭遇重重难关，但她总是用自己的方式解决问题。

毫无头绪的怪事接二连三发生，必须不断做选择，不到最后一刻没人能知道正确答案，我们的人生也是如此。重要的是我们面对未来的勇气。

走上陌生道路的爱丽丝向眼前的妙妙猫问路：

“走哪一条路才好呢？”

“那得看你想去哪里。”

“去哪儿都可以。”

“那哪一条路都可以。”

“但我想到某个地方。”

“这样啊？很简单，只要继续走，一定会到某个地方的。”

妙妙猫反问爱丽丝“那得看你想去哪里”，妙妙猫希望爱丽丝明白，到想去的地方必须知道自己想要的到底是什么。

今天的心情由我决定。今天我要幸福。

我们有时也像爱丽丝，想从别人身上找答案。故事主人公爱丽丝不怕挫折的乐天个性、在冒险中成长的经历，让我们看到寻找真正答案的方法。这应该是爱丽丝这一迷人角色多年来广受喜爱的原因。

《爱丽丝梦游仙境》带给我们慰藉与喜悦，而具有同等内涵的内容也将在此展开，那就是以许多人生名言激发人生意志与勇气的莎士比亚作品。本书把体现莎士比亚人生态度的文句，从爱丽丝的角度说出，但愿能为困在人生迷宫中的今日爱丽丝们，找到启示明日的线索。

《爱丽丝梦游仙境》角色介绍

爱丽丝

外貌端庄温和，想象力天马行空的女孩，个性坚毅有信念，能一一克服难关

白兔

带领爱丽丝进入仙境，心肠软，优柔寡断

对对的和对对得

呱噪的双胞胎兄弟常爱说不着边际的话

妙妙猫

总会在爱丽丝需要帮助时及时出现，但也常使爱丽丝陷入危机，是个谜一般的存在

红心皇后

仙境的主人，性格暴躁，变化无常

疯帽子和三月兔

奇特的角色，会在没人过生日时无厘头地庆祝，每天举办下午茶会

1 爱丽丝，给不同于昨天的你

Contents

2 不迷失在人生的迷宫

3 给对这世界还陌生的我们

☆ Alice in Wonderland ☆

1

爱丽丝，
给不同于昨天的你

短短一句话印刻在漫长人生中

话一旦说出口，话中意义将永远存在。有些话经过漫长岁月也不会消失，印刻在某个人的灵魂深处。人们以为一句话说过就算了，但通过那句话可以看出人的外在与内在。所以请重视所说的每一句话，遣词用字都须深思。

现在的我是已知数，
未来的我是未知数

谁都无法预知未来，因此大家会同时怀着希望与不安而活，但人间事几乎总是不按常理出牌，命运经常与它发生矛盾，计划被破坏有时在所难免，怀着善心出发，也未必一定有好结果。所以不要太轻易对未来下定论，因为我们面前有无数通往未来的道路。

命运的玩笑无法左右人生

如果命运跟你开了一个大玩笑，要记得那并不是人生的本质，只是偶然发生的事而已，有可能发生在任何人身上。没有人生来就是背负不幸的。

做最坏的打算，
最好的准备

以防万一而假设最坏的状况，可以避免更大的问题发生。不论个人或公众事务都如此。并不是要你凡事消极思考，而是要你遇到必须承担的风险，不论程度怎样，做好心理准备，然后坚定大胆地迎接它吧！心理准备不足，小失误可能变成大问题。

踏实耕耘，收获成果

不劳而获的幸运，现实中几乎不会发生。与其下注在概率微小的赌博上，不如脚踏实地努力实现心愿，才是最快的捷径。此外，未经努力轻易到手的东西往往稍纵即逝，历经辛苦所得到的，将是一生永恒的宝物。

把握机会，
就能获得了不起的经历

你空等着好事从天而降吗？人生不会给空等待的人任何回报。机会到来，如果不好好把握，将擦身而过。只要有开始的契机和一点勇气，就能获得一次了不起的经历。

不要陷入过去的烦忧而再次痛苦

再痛苦的过去都已经是过去式，无法伤害我们。回忆过去而痛苦就像是心灵背负着重担。所以过去的痛苦就让它过去吧！

人生是众多际遇的组合

人生原本就得面对各种际遇，不可能万事如意。此刻有人正经历痛苦而流泪，也有人正因意外的幸运，脸上挂着幸福的微笑；有时候两者的遭遇则可能对调。每个人的人生都会有大大小小的烦恼，无一例外。要是能够明白这一事实，我们就会以平常心看待这些困境。这就是所谓的人生啊！

明日始于当下一刻

反复回想过去，既不能改变状况，也无法让时间倒流。全盘接受过去是迈向幸福的第一步。对过去耿耿于怀，不去用心尝试新事情，只会让自己变得不幸。已经过去的昨天不会再回来，请记得，明天是由当下一刻所创造的。

今日之泪，他日将成珍珠

眼泪多代表情感丰富。痛苦与悲伤，悔恨与恐惧，这些情感都可以丰富人生经验。敞开心胸享受人生的无数经验和丰富情感，有朝一日，这些历程一定会变得美丽、坚韧又耀眼。

幸福的线索
就在今天

放不下过去或是常常憧憬未来是人之常情，但执着于过去与未来，就会看不到并错过近在身边的幸福。脚步不能踏实踩在当下，将无法改变现实。你所追寻的幸福线索就在今天。

正确行动胜过正确理论

知易行难，意思是理论人人会说，将理论化为实际行动却是困难的。理论再正确，如果与实际行动相互矛盾，它的堂皇内涵也不免要褪色。

今日事今日毕

抱着“迟了一点点，没关系吧”的想法，一再拖延该做的事，有时会因为预料外的场面和结果，造成致命失误，日后再后悔都来不及。

独自照耀大地的太阳
也有西下时

即使如钢铁般坚强的人也有疲惫的时候。我们每个人都在顺应职场、家庭、学校等的期待而活，所以适当地放松，才能迎接更大的挑战。一天之中给自己一点时间消除紧张、好好放松，哪怕片刻也好。因为休息是恢复活力唯一和最有效的方法。

幸运总在意想不到处

俗话说："问题总是在意想不到的地方发生。"请试试看，好事发生时，神经不要放松；坏事发生时，反而笑着想："接下来就只剩下好事了！"

话能定人罪，
也能拥抱人心

定他人罪或是原谅、拥抱他人的言语，都出自同一张嘴。人们可以说让他人充满希望或绝望透顶的话，全凭自由选择。现在，你说的是怎样的话呢？

牢记失去之物的珍贵

人不论失去物品还是情感，都会感到可惜。如果能预先意识到——错过了的不会再回来，反而会懂得去珍惜原本觉得不怎么样的东西。牢记失去珍惜之物后的遗憾，也许能守住更多值得付出的人、事、物。

不被眼前的甜言蜜语迷惑

甜言蜜语有不为人知的一面。此刻听起来心情会很好，但日后有可能后悔。当然，你会想以后的事以后再说，就像眼前有山珍海味，先吃为快。但如果不被眼前的甜言蜜语所迷惑，也许会获得其他回报。同样的事情，会因选择不同而产生不一样的结果。

身体是装载心的容器

大家常说心理状态会外显，反之亦然，身体是装载精神意识的容器，身体状态也会影响心理健康，比如怠惰的生活习惯造就懒散的心态，窘迫的生活会产生狭隘的心胸。日常生活方式与态度将直接影响内在。

做任何事都得有你自己的理由

未经思考的无心举动，有时会使我们面临意想不到的情况或是带来莫大的幸运。深思熟虑的行动也好，临时起意的行动也好，成败或许难以预料，重要的是：找出支持行动的理由，而且是你自己的理由。

灭火得在火势还小时

曾经傻傻地认为那些小问题“没关系，慢慢来”而一再拖延，最后情况一发不可收拾。小小的火苗得尽早熄灭，把麻烦丢在一旁，它不会自己消失，总有一天得解决。

不要试图硬性改变时间的流向

春夏秋冬四季变化，每个季节都有独特的景致，人们从中可以感受到大自然的奥妙。人为力量是无法改变大自然之规律的。耐心等待，不要为了自己的欲望试图去改变时间的自然流逝，也许就因为耐心地度过了夏、秋、冬，接踵而来的春才使我们的人生更具意义。

不要过度恐惧

你曾经因为思绪杂乱、情绪不安而无法理性判断事情吗？也许你只是过度担心、恐惧了，事情其实根本没那么严重。

☆ Alice in Wonderland ☆

2

不迷失在人生的迷宫

10/6
10/6
10/6
10/6

抛开书本，
有时想法就会转变

世界会教我们很多事情，所以不要只是依靠书本或是电视等获取知识，走到外面的世界，亲身体验人生的意义，活化僵硬的头脑并转换心情，重新思考，那么将可以从不同角度从容解决问题。

你的人生，你做主

花朵的生命很短暂，但是自己可以决定什么时候开放。不要被社会常规或压力限制；为了开放的刹那，从地底扎根到花苞绽放，这一过程蕴含了无法言喻的美。自我意志绽放的花朵无比硕大且美丽。所以，你的人生应该由你来做主。

学习就像
太阳在辽阔天空光芒四射

如果有人说自己是某一方面的专家，那就表示他根本不知道自己还没入门呢！真正用心学习的人，越熟练就领悟得越多，也明白自己不可能完全通晓一件事情，反而会更加谦逊。

纯真是保持自我的最强大力量

真正的坚强发自纯真的心，所谓的纯真和年龄、生活背景无关，而是内心保有率直天真。不要太在意他人的眼光或是评价，试着从长远未来的观点看看现在的自己吧。还有，问问自己，现在的所做所为真的是为了你自己吗？这样真的可以吗？

没有人受了伤害也无所谓

任何人的生活都有喜有悲，有时候也可能会无意间让别人难过。如果伤害了他人，要提醒自己：受伤害却无所谓的人并不存在，时时刻刻用一颗温暖的心对待他人吧！即使事后才知道自己伤害了人，也要理解对方的心情，并且真心安慰对方。

让时间站在我这边

你可曾为了达成目标，花时间累积经验呢？长时间学习某样东西，没有学习动力，也不付出努力，这只是在浪费时间与金钱。踏实累积自己的资本，时间才会站在你这边，有利于你。

真正的希望存在于高处

你曾经当面斥责他人想法不切实际吗？或是自己天马行空的幻想遭人指责过吗？任何人怀抱着希望或是远大理想，都不应该被批评，因为志存高远，真正的希望存在于高处，并引领我们迈向高处。暂时抛开别人的眼光吧！高处的希望融合了你自在热切的心志，将是引领你迈向幸福的向导。

他人的眼神隐含无数讯息

眼睛是灵魂之窗。与某人对视交谈时，对方眼中照映出的是当时的你，换句话说，你的心理状态将忠实映现在对方眼中。想知道对方眼里的你是什么样子吗?

UP
YONDER
DOWN
UP
THAT WAY
YONDER
THAT WAY
BACK
THIS WAY
THAT WAY

不向逆境低头

为什么别人天生幸运，好像只有自己倒霉透顶？你曾因此愤愤不平吗？其实换个角度看，逆境也可以是机遇。因为逆境会使你奋发向上，摆脱逆境的过程也许就是成功的原动力。

直率表达自我就够了

很多人觉得跟他人交流是困难的事，“我好像不太会交朋友！”“别人觉得我很奇怪怎么办？”这些想法在脑海中挥之不去，你是不是还没经历就先害怕了呢？只要仔细倾听对方的话，直率表达自己的想法就行了，对方不会记得过程中的小瑕疵的。如此一来，彼此的关系将更加深厚，你的人生也会更多彩多姿。

别做不速之客

有些人不请自来，甚至大声喧哗、破坏原本的好气氛，这样的人在任何地方都不会受欢迎的。你曾经有类似行为吗？想想看，你是否不知不觉用沾满泥巴的脚，把别人的地盘踩得一塌糊涂呢？

知足的人心不空虛

他人眼中看来很辛苦，却能满足自我人生的人，每天都可以感受到小幸运，点滴累积的小幸运所造就的人生，无比珍贵。相反，一个人即使拥有再好的条件，却不懂得满足，那么欲望将使他跌入痛苦深渊。

化言语为行动

光动嘴不行动的人，永远只会在原地打转。用嘴说说跟行动实践是两回事，真正聪明的人会铭记珍贵的事物，而不是只用嘴说。

放在心上的好朋友，
才是真正的朋友

彼此并不是每天联络，见面时却总像往常一般谈心，这样的人才是真正的好朋友。如果你有这样的朋友，可以很自豪，真心分享彼此的友情既是珍贵的，也是无可取代的。

睡一觉，忘光烦恼

再怎么努力，负面情绪还是在脑海中挥之不去，那就躲进被窝吧！睡眠是最好的治疗，暂时偷懒一下又何妨？夜晚会温柔地拥抱你入睡，隔天早上带着愉快的心情睁开双眼，说不定就会想到新的解决方法了。

痛苦之中仍有好的一面

世界上不存在绝对的好与坏，仔细想想，万事万物都存在多面性，再痛苦的事也一定有好的一面，不要只看到坏的一面而叹气连连，努力找寻其中好的一面吧！压迫内心的重担也会慢慢变轻的。

正视当下，回忆才有价值

人生总会失去一些东西，悲伤随着时间流逝会被消磨耗损，只留下瞬间的记忆，我们称之为回忆。但过于依赖回忆而活，可能会失去现在所拥有的。怀念过去，不如正视当下吧！回忆也会因此而更有价值。

所有伤痛都会过去

我们都知道，不论多大的伤痛都会过去的，沉浸在伤痛中的人，心就像被乌云笼罩，很难做出正确判断。一直想着悲伤难过的往事，伤痛会在心中扎根，所以不要过度陷入悲伤，有时候想想愉快的事吧！你会感觉慢慢脱离了悲伤的情绪。

不要过度表现自己

言语或行动超越能力所及的炫耀模样，会让他人不舒服，时时刻刻谨慎小心的态度才是守护自己的盾牌。毫无保留的炫耀是比能力有限更糟的事。不过度展现自我的正确要领是：给自己留一点余地，去应对不确知的未来吧！

高贵是人的价值所在

高贵感不是由可见的外貌或地位决定，所谓的高贵，始于守护人类真正价值的那颗心，只要能守护内心深处所珍视的价值观并努力化为行动，不论任何状况下，都能保有高贵感。

任何人都不是完美的

世上真的存在完美无缺的人吗？生而为人，多少会有缺点和不足，一一指正那些缺点，没办法开始任何事。对别人、对自己，多一分宽容吧！放宽心胸，保持正能量，将可以用不同的视角看到不一样的世界。

历经无数尝试，迈向唯一目标

通往目标的道路有很多条，就像众多流向大海的河川，只要不失去目标，走哪一条都可以。不同于他人也没关系，只要过程中不忘记最终方向就好。

待人处事纯熟老练的人擅于隐藏自己的真正意图，反倒是面带凶恶的人未必会给别人造成太大伤害。真正可怕的是把居心藏在笑脸背后的人，我们必须学会看穿他人藏在笑脸背后的用心。

看见笑脸背后隐藏的居心

☆ Alice in Wonderland ☆

3

给对这世界还陌生的我们

真心藏不住

你曾经有过这样的经验吗？不论是正面或是负面情绪，欲盖弥彰，越是想隐瞒，越容易被对方识破。就算我们用华丽的词汇或是外表来遮掩，内在的真心在无意识状况下最后都会写在脸上。想成为有魅力的人，得先看清自己的内心，这就是原因所在。

暧昧的善意反而会伤害对方

说要伸出援手却只说不做，那算是帮助他人了吗？当然，这样或许你会觉得比什么都没做来得好，但对方可能会比没接受帮助时更绝望。请记住，暧昧的好意反而会更加伤害对方！

撑过当下一刻，有朝一日将可笑谈往事

放弃与隐忍是不同的。对于那些无能为力的事，不必硬性去改变，静待事情过去也许是最好的办法。就像杂草在冰雪之下等待春天来临，只要坚持永不放弃，有朝一日，你一定可以笑谈那些艰难的往事。

用始终如一的态度保有自我

以敌意回应敌意，只会演变成恶性循环。任何状况下，都不要让自己做出过激的行为，始终如一的态度不但是保有自我的方法，也是能让自己不误入歧途的聪明对策。

进退两难的困境下，勇往直前或许是一条捷径。不要在意别人的眼光，鼓起勇气，用自己的方式向前迈进吧！

用自己的方式勇敢向前吧

真正的智慧不是学来的

智慧不是学来的，而是经过深度思考，学会如何接触世界。这也许需要一点想象力。请记得，真正的智慧是发自内心的，并不是吸收知识就能获得！

你真正拥有的只有自己

人们如果觉得自己拥有很多，就会拼命守护一切。其实财富、名誉与美貌，全是虚幻的，全是因应他人而生的外在定义。生而为人，只有你才是属于自己的，其他都生不带来，死不带去。这样想来，你是不是觉得有勇气了呢?!

不必怪自己缺少勇气

人的勇气会顺应情况而改变，时大时小，此外，也无法用二分法分别出有勇气的人和没勇气的人。想法稍微转变或是待情况有所改变，平时消极的人也可能会鼓起很大的勇气。某些情况下，一点小小的勇气就足以成为扭转局势的开关，因此不要责备自己提不起勇气，只要有一个小小的内在开关就够了。

3

虚有华丽外表，
不及内在美发光发热

外表再华丽耀眼，真正的美始终来自内在。我们不能轻易被外在的美迷惑而忽略人的本质。闭上眼睛，请试着用心看清对方的真实样貌吧！

凡事都有尽头

时间是公平的，不论地位或条件，好人或是坏人，都不能摆脱时间流动的定律。现在的苦难、人生的各种难题，放在时间的长河里来看，不具有任何意义，所以过自己想过的生活吧！

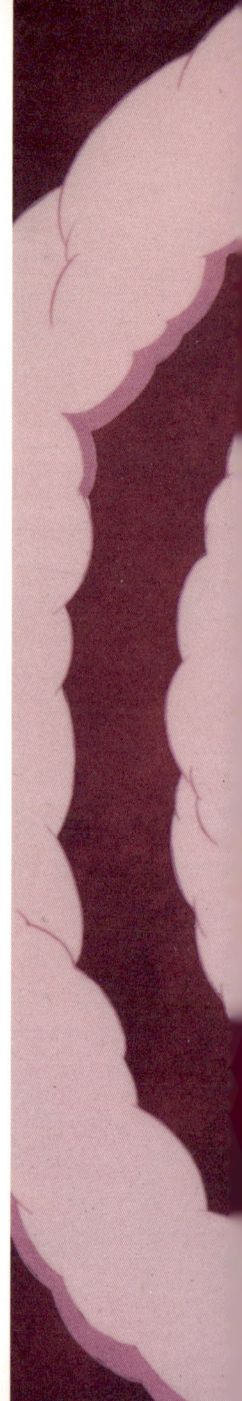

真理能让我们的内心平静

真理是让人向前迈进的动力，会确保我们不因陷入苦恼而彷徨迷茫，帮助我们继续前行。你相信的真理是什么？

你比自己想象的还要好

人们说，人应该充实自己的内在美。你知道从何入手吗？试着倾听内在的真心吧！同时去找找能让你发自内心去做的事吧！当你认真审视自己内心的时候，就会发现其实你比自己想象的还要好！

给正在走向某处的你

提起《爱丽丝梦游仙境》，人们就会想到不小心进入梦中仙境的少女，经历了奇幻旅程的故事；但这不只是关于梦的故事。爱丽丝面临许多难关，鼓起勇气克服之后，她的行动振奋了我们的心；妙妙猫和红心王后总是意味深长地诉说人生理念，他们的话让我们暂停脚步认真思考。看似荒唐的故事隐含着深刻的人生道理，因为我们的生活，本质就如同那个梦中仙境啊！

没错，疯了！这是个天大秘密……真正厉害的人全都疯了！

就像爱丽丝所说，用不同的角度，可以看到更接近真实的面貌，因此爱丽丝的故事除了神奇又出乎意料的冒险，还在重重难关之中隐含着人如何用自己独特的方法、意志去开拓自己的道路。就像拼命努力还是在原地打转或是只前进一小步的红心王后所说，这个世界不仅有美丽纯真的童话故事，有时也会是充满痛苦悲伤、怪事连连的。读者读过《爱丽丝梦游仙境》，也就明白这个事实。

爱丽丝陷入这种情况，依然找寻属于自己的自由，鼓起勇气大步向前；她的故事告诉我们，彷徨无助时，放慢脚步也无妨，只要有恒心，总有一天一定会抵达目的地的。

我们学学梦游仙境的爱丽丝吧！学习她勇敢冒险的精神，迷路了也不要惊慌失措，大步向前迈进！也许这就是爱丽丝迈向幸福之路的唯一而且最快的途径。

我不能回到昨天。

I can't go back to yesterday.

因为我不同于昨天的我。

Because I was a different person then.

© 漫钛文化 2021

图书在版编目（CIP）数据

爱丽丝的幸福魔法书. 开拓自己的道路 / 漫钛文化著. — 沈阳：万卷出版公司，2021.4
ISBN 978-7-5470-5580-9

Ⅰ. ①爱… Ⅱ. ①漫… Ⅲ. ①人生哲学—通俗读物 Ⅳ.①B821-49

中国版本图书馆CIP数据核字（2020）第259756号

出 品 人：王维良
出版发行：北方联合出版传媒（集团）股份有限公司
万卷出版公司
（地址：沈阳市和平区十一纬路25号 邮编：110003）
印 刷 者：大连飞驰印务有限公司
经 销 者：全国新华书店
幅面尺寸：128mm × 188mm
字　　数：90千字
印　　张：4.75
出版时间：2021年4月第1版
印刷时间：2021年4月第1次印刷
责任编辑：张　莹
责任校对：张兰华
装帧设计：张　莹
ISBN 978-7-5470-5580-9
定　　价：36.00元
联系电话：024-23284090
传　　真：024-23284448

版权专有 侵权必究 © 2021 Disney Enterprises, Inc.
常年法律顾问：李 福 举报电话：024-23284090
如有印装质量问题，请与印刷厂联系。联系电话：0411-84526787